Inhaltsverzeichnis

Eingangsdiagnostik

- Zahlenstrahl – Addieren und subtrahieren ☐
- Addieren und subtrahieren von Einern ☐
- Addieren und subtrahieren mit Überschreiten ☐
- Zahlen bis 1000 ☐
- Addieren und subtrahieren bis 1000 ☐
- Blitzaufgaben ☐
- Einmaleins ☐
- Dividieren ☐
- Körper ☐
- Körper und Würfelgebäude ☐
- Ansichten und Flächen ☐
- Symmetrie ☐
- Euro und Cent ☐
- Zeit ☐
- Längen ☐

Eingangsdiagnostik: Datum: ______

Zahlenstrahl – Addieren und subtrahieren

1 Setze ein: ⃝<, ⃝>, ⃝=

72 ⃝ 27	86 ⃝ 87	34 ⃝ 36	44 ⃝ 33	68 ⃝ 86
26 ⃝ 62	59 ⃝ 61	85 ⃝ 85	16 ⃝ 26	17 ⃝ 27

2

28 + 40 = ____	76 – 40 = ____	50 + 42 = ____	68 – 10 = ____
49 – 20 = ____	42 + 30 = ____	19 + 60 = ____	20 + 33 = ____

3

20 + ____ = 43	____ + 32 = 52	36 + ____ = 66
68 – ____ = 38	____ – 40 = 46	74 – ____ = 34

4 Welche Zahlen sind es?

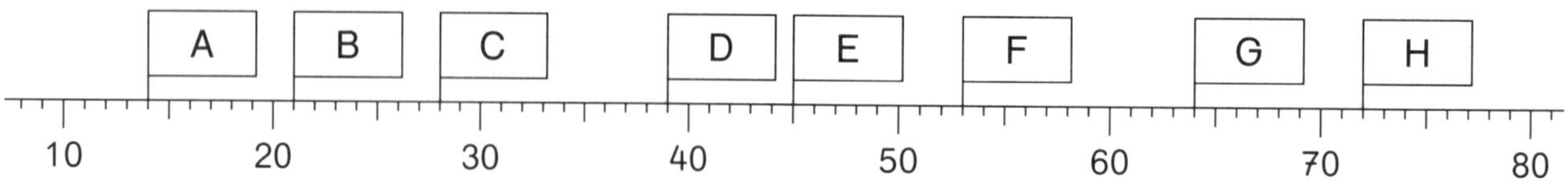

A ____ B ____ C ____ D ____ E ____ F ____ G ____ H ____

Datum: ___

Eingangsdiagnostik: Addieren und subtrahieren von Einern

1 Löse am Rechenstrich.

35

35 + 8 = ___

86

86 − 9 = ___

2

15 + 6 = ___ 48 − 4 = ___ 36 − 5 = ___ 71 + 6 =

27 + 6 = ___ 58 − 4 = ___ 42 + 5 = ___ 66 − 5 = ___

3

70 + 7 = ___ 26 + ___ = 30 51 − 4 = ___ 77 − 8 = ___

___ + 4 = 64 ___ − 7 = 70 22 + 9 = ___ 55 + 7 = ___

4 Welche Zahlen passen?

67 + ___ < 70 53 − ___ > 49 88 + ___ < 92

0, ___ ___ ___

Eingangsdiagnostik: Addieren und subtrahieren mit Überschreiten

Datum: ____________

1 Löse am Rechenstrich.

52 —————————————

52 + 19 = ____

————————————— 63

63 – 37 = ____

2

42 – 26 = ____ 24 + 27 = ____ 72 – 46 = ____ 98 – 49 = ____

51 + 16 = ____ 73 – 36 = ____ 35 + 39 = ____ 25 + 24 = ____

3

48 + ____ = 72 73 – ____ = 56 57 – ____ = 29 33 + ____ = 66

65 – ____ = 48 39 + ____ = 92 28 + ____ = 62 84 – ____ = 63

4

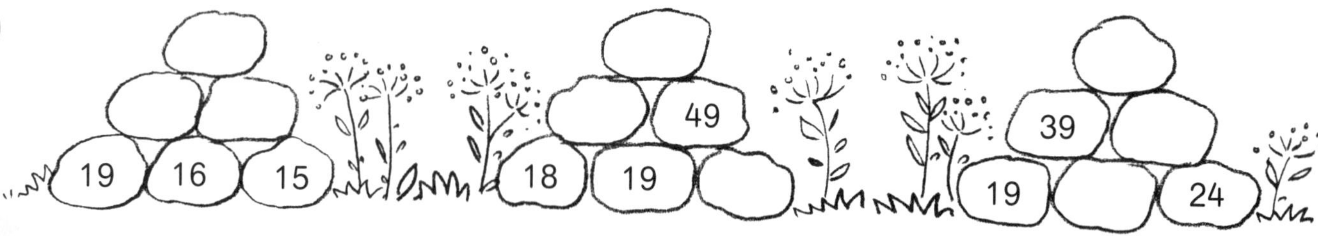

Eingangsdiagnostik: Zahlen bis 1000

Datum: ____________

1 Welche Zahlen sind es?

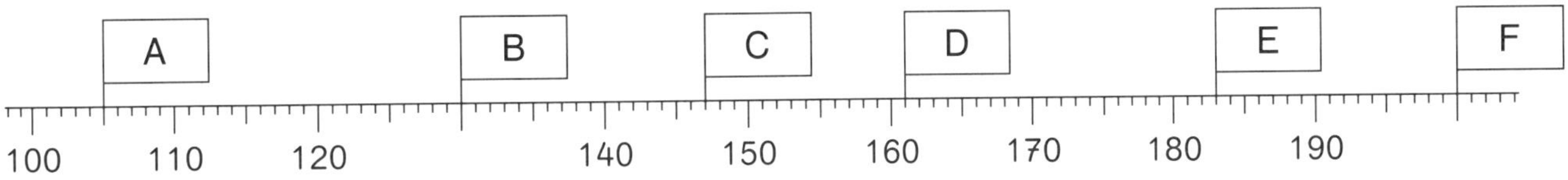

A ____ B ____ C ____ D ____ E ____ F ____

2 Setze ein: (<), (>), (=)

20 ◯ 200 450 ◯ 470 648 ◯ 643

600 ◯ 60 810 ◯ 910 524 ◯ 529

3

4

100 + 100 = ____ 100 + 400 = ____ 600 – 100 = ____

100 + 200 = ____ 300 + 200 = ____ 800 – 400 = ____

Eingangsdiagnostik:
Addieren und subtrahieren bis 1000

Datum: ____________

1

14 + 3 = _____	21 + 4 = _____	36 + 3 = _____
140 + 30 = _____	210 + 40 = _____	360 + 30 = _____

2

17 – 2 = _____	18 – 5 = _____	69 – 6 = _____
170 – 20 = _____	180 – 50 = _____	690 – 60 = _____

3

12 + 24 = _____	23 + 15 = _____	79 – 11 = _____
120 + 240 = _____	230 + 150 = _____	790 – 110 = _____

4

125 + 2 = _____	413 + 4 = _____	342 + 3 = _____
125 + 20 = _____	413 + 40 = _____	342 + 30 = _____
125 + 200 = _____	413 + 400 = _____	342 + 300 = _____

Eingangsdiagnostik: Blitzaufgaben

Datum: ____________

1

1 · 4 = _____
2 · 4 = _____
5 · 4 = _____
10 · 4 = _____

5 · 7 = _____
5 · 6 = _____
5 · 3 = _____
5 · 8 = _____

2 · 10 = _____
6 · 10 = _____
8 · 10 = _____
9 · 10 = _____

5 · 2 = _____
2 · 7 = _____
5 · 10 = _____
10 · 3 = _____

2

2 · 2 = _____
3 · 3 = _____

4 · 4 = _____
5 · 5 = _____

6 · 6 = _____
7 · 7 = _____

8 · 8 = _____
9 · 9 = _____

10 · 10 = _____
0 · 0 = _____

3 Löse mit der Blitzaufgabe.

6 · 7 = _____
5 · 7 + ____________________

9 · 3 = _____
____

6 · 4 = _____
____

7 · 8 = _____
____

3 · 8 = _____
____

4 · 6 = _____
____

Eingangsdiagnostik: Einmaleins

Datum: ____________

1

9 · 4 = ____	7 · 6 = ____	4 · 4 = ____	10 · 7 = ____
7 · 8 = ____	6 · 7 = ____	9 · 8 = ____	6 · 3 = ____
4 · 7 = ____	0 · 5 = ____	9 · 2 = ____	2 · 7 = ____

2

5 · ____ = 15	7 · ____ = 49	____ · 8 = 24	____ · 9 = 81
____ · 6 = 30	____ · 2 = 18	7 · ____ = 35	6 · ____ = 36
3 · ____ = 27	____ · 7 = 28	10 · ____ = 0	____ · 8 = 48

3 Male Aufgabe und Ergebnis mit der gleichen Farbe an.

6 · 6 | 9 · 9 | 5 · 7 | 4 · 7 | 8 · 6

28 | 36 | 81 | 35 | 40

0 · 10 | 48 | 5 · 8 | 0

Eingangsdiagnostik: Dividieren

Datum: ____________

1 Rechne zur Kontrolle die Malaufgabe.

40 : 5 = _____, denn ______________

18 : 2 = _____, denn ______________

70 : 10 = _____, denn ______________

27 : 9 = _____, denn ______________

48 : 6 = _____, denn ______________

21 : 3 = _____, denn ______________

2

14 : 7 = _____	16 : 4 = _____	24 : 4 = _____	81 : 9 = _____
25 : 5 = _____	12 : 3 = _____	32 : 8 = _____	64 : 8 = _____
72 : 9 = _____	90 : 10 = _____	63 : 9 = _____	45 : 5 = _____

3

21 : _____ = 7	30 : _____ = 5	_____ : 8 = 6	_____ : 9 = 3
40 : _____ = 5	42 : _____ = 6	_____ : 9 = 5	_____ : 8 = 7

4 Hier bleibt immer ein Rest.

24 : 5 = __________	20 : 3 = __________	21 : 4 = __________
13 : 2 = __________	18 : 5 = __________	54 : 7 = __________

Eingangsdiagnostik: Körper

Datum: ____________

1 Welche Körperformen haben die Gegenstände? Trage die Nummer ein.

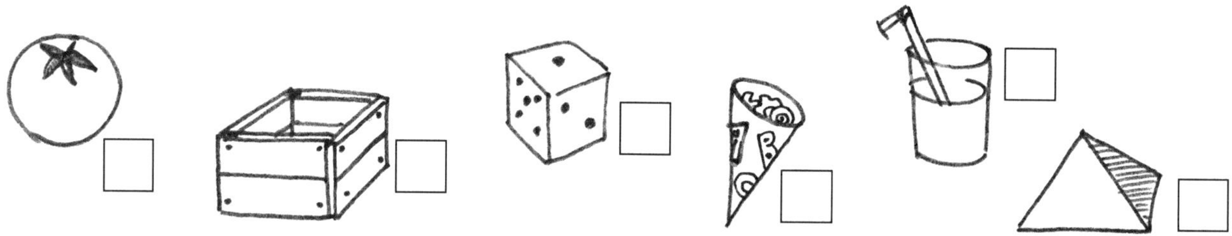

2 Wie heißen die Körper?

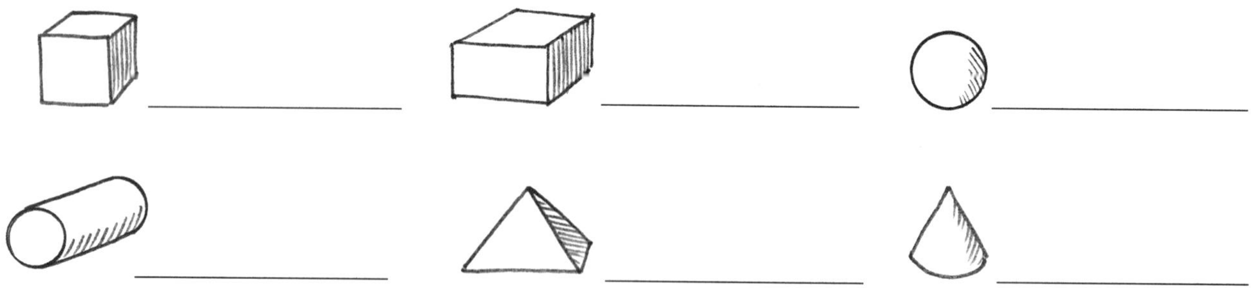

Eingangsdiagnostik: Körper und Würfelgebäude

Datum: ____________

1 Welches Gebäude gehört zu der Tabelle? Kreuze an.

9	5	2	2

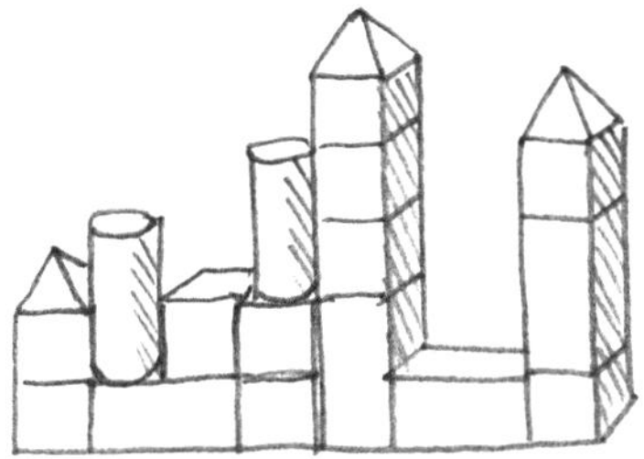

☐

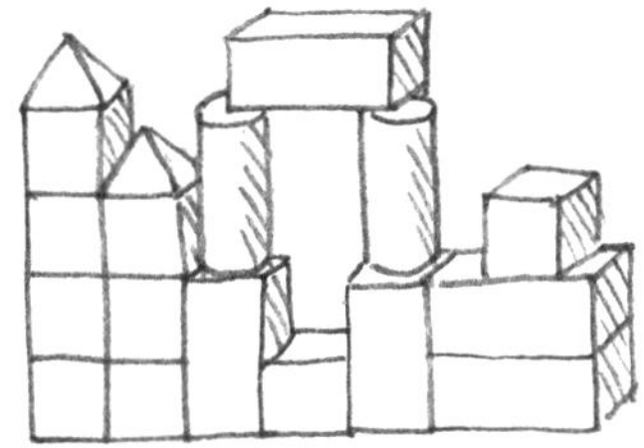

☐

2 Schreibe den Bauplan. Wie viele Würfel sind es?

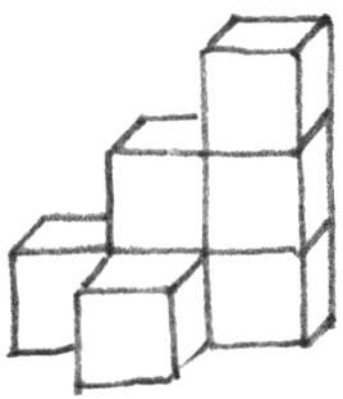

_______ Würfel

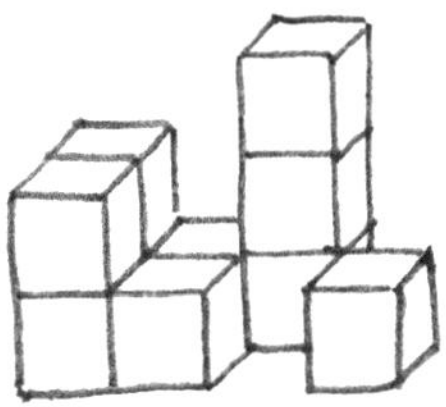

_______ Würfel

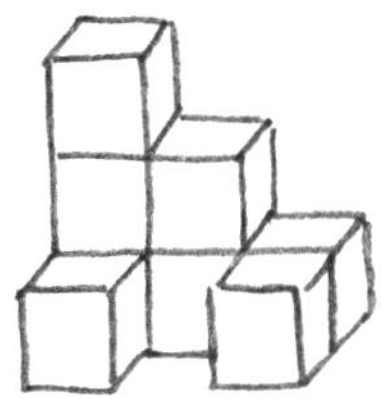

_______ Würfel

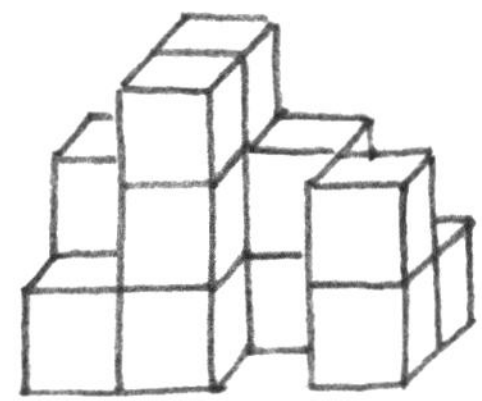

_______ Würfel

Eingangsdiagnostik: Ansichten und Flächen

Datum: ____________

1 Von welcher Seite wurde das Gebäude gezeichnet?
Ordne zu: Von vorn ①, von rechts ②, von hinten ③ und von links ④

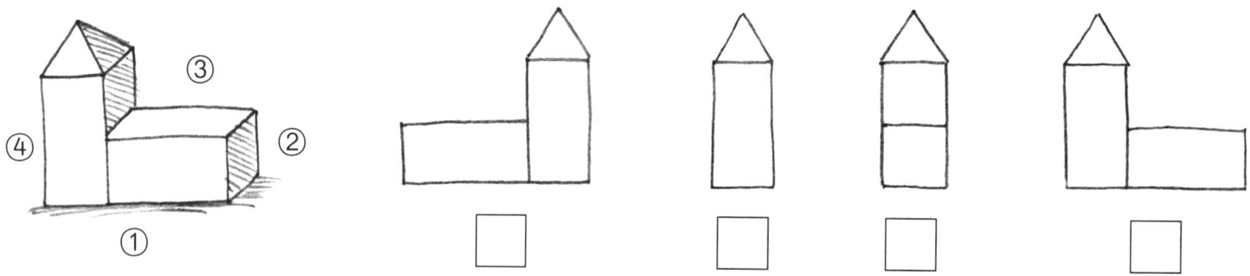

2 Wie heißen die Flächen?

 ____________________

 ____________________

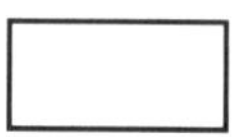 ____________________

 ____________________

Eingangsdiagnostik: Symmetrie

Datum: ____________

1 Zeichne die Spiegelachsen ein.

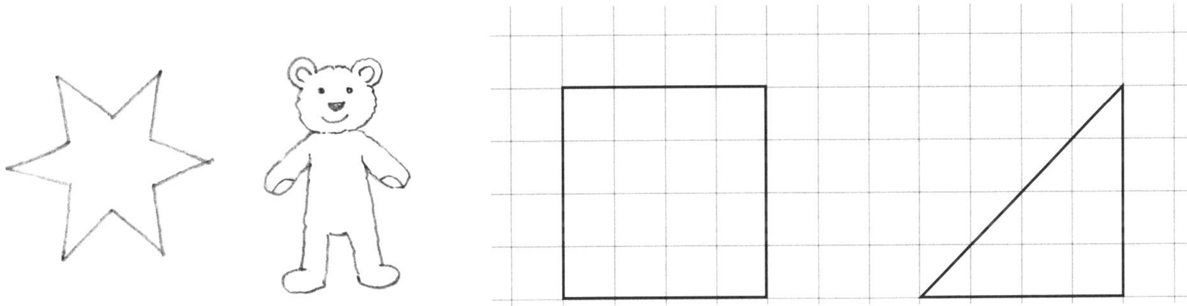

2 Ergänze symmetrisch.

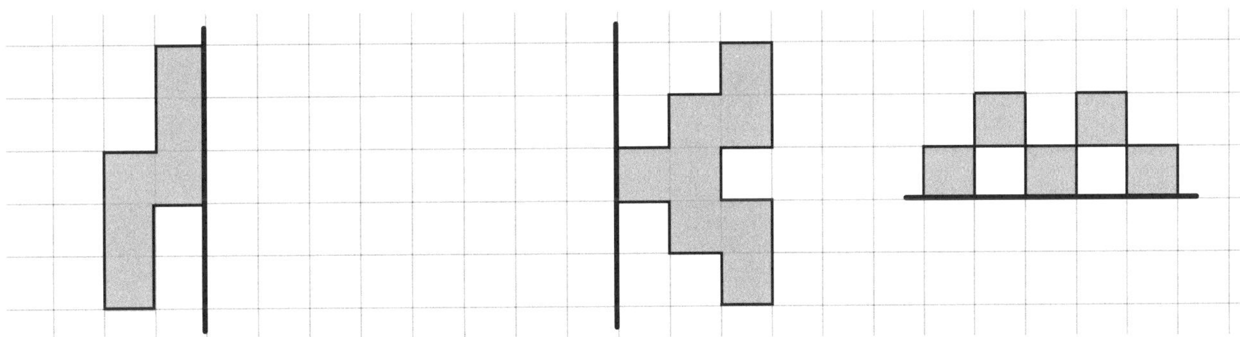

Eingangsdiagnostik:
Euro und Cent

Datum: ____________

1

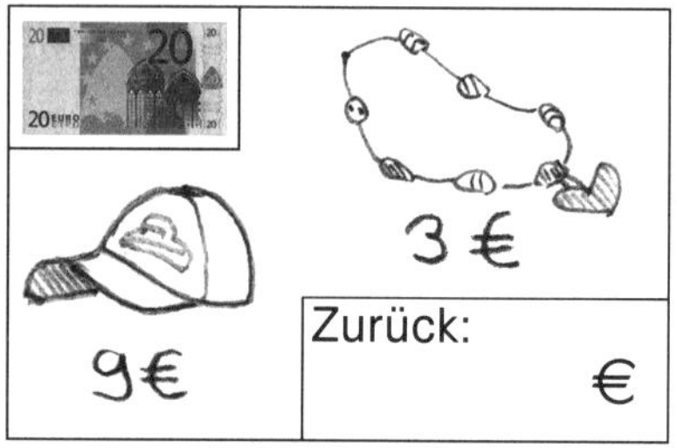

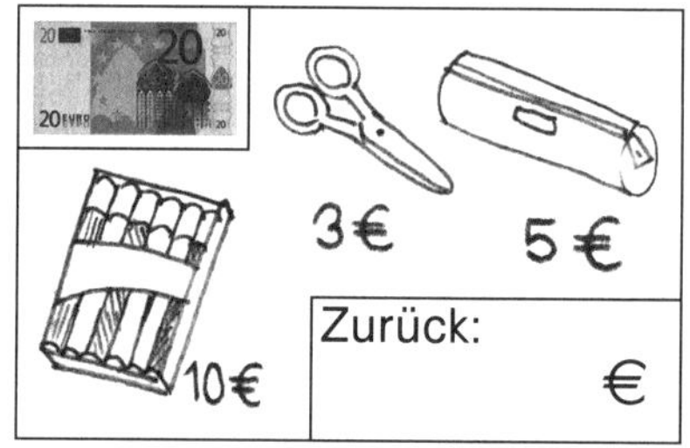

2

14 € + 36 € = _____ €

48 € + 25 € = _____ €

30 € – 14 € = _____ €

50 € – 32 € = _____ €

17 € + 76 € = _____ €

83 € – 35 € = _____ €

3 Welche Scheine können es sein?

500 €

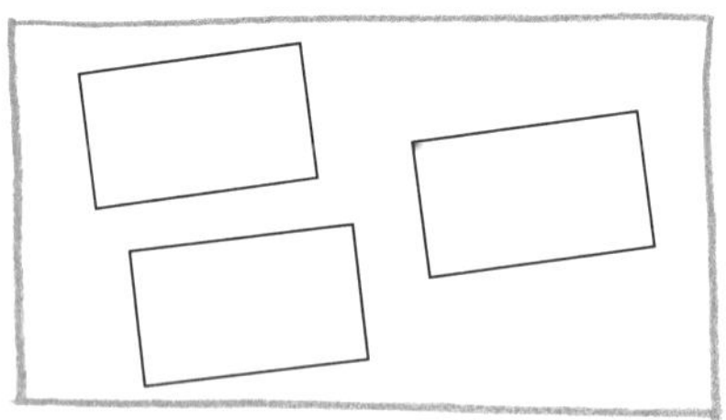

200 €

400 €

Eingangsdiagnostik: Euro und Cent

Datum: ____________

1

____ Cent

____ €

48 €

2 Wer hat das meiste Geld? Kreuze an.

Mark ☐

____ € ____ Cent

Tina ☐

____ € ____ Cent

Paul ☐

____ € ____ Cent

3 Was gehört zusammen? Male mit gleicher Farbe an.

280 ct | 10 € 10 ct | 2 € 80 ct | 8 € 80 ct | 1 € 10 ct | 450 ct | 4 € 50 ct | 880 ct | 1010 ct | 110 ct

Eingangsdiagnostik: Zeit

Datum: ____________

1 Schreibe beide Uhrzeiten auf.

_______ Uhr _______ Uhr _______ Uhr _______ Uhr _______ Uhr

_______ Uhr _______ Uhr _______ Uhr _______ Uhr _______ Uhr

2

_______ Uhr _______ Uhr _______ Uhr _______ Uhr _______ Uhr

_______ Uhr _______ Uhr _______ Uhr _______ Uhr _______ Uhr

Eingangsdiagnostik: Zeit

Datum: ____________

1 Wie spät ist es in 2 Stunden?

3.00 Uhr	
21.00 Uhr	

Wie spät war es vor 3 Stunden?

	17.00 Uhr
	22.00 Uhr

2 Wie viel Zeit ist vergangen?

_______ Uhr ⟶ _______ Uhr   _______ Uhr ⟶ _______ Uhr

3 Wie viele Minuten sind es?

1 Stunde = _______ min   2 Stunden = _______ min   1 Stunde 12 min = _______ min

4 Schreibe das Datum anders.

17. 6. ______________________   18. September ______________

20. 5. ______________________   3. März ______________

Eingangsdiagnostik: Längen

Datum: ____________

1 Miss die Länge der Strecken.

_____ cm

_____ cm

_____ cm

_____ cm

_____ cm

2 Ordne die Strecken der Länge nach.

1 m 13 cm   1 m 27 cm   1 m 85 cm   1 m 4 cm   1 m 18 cm

____

3

24 m + 24 m = _____ m   35 m + _____ m = 70 m

38 m – 12 m = _____ m   68 m – _____ m = 50 m

4

21 cm + 17 cm = _____ cm   75 cm + _____ cm = 100 cm   50 cm + _____ cm = 1 m

75 cm – 25 cm = _____ cm   37 cm – _____ cm = 11 cm   67 cm + _____ cm = 1 m

Inhaltsverzeichnis

Lernstandskontrollen Addieren und Subtrahieren

- R1 Wiederholung: Addieren und subtrahieren
- R2 Zahlen bis 1000
- R3 Zahlenstrahl – Rund um die Zehner und Hunderter
- R4 Rechnen bis 1000
- R5 Addieren und subtrahieren bis 1000
- R6 Halbschriftlich addieren und subtrahieren
- R7 Schriftlich addieren
- R8 Schriftlich subtrahieren

Lernstandskontrollen Multiplizieren und Dividieren

- R9 Wiederholung: Multiplizieren und dividieren
- R10 Punkt- und Strichrechnung, Ungleichungen und Gleichungen
- R11 Multiplizieren und dividieren: Zehnerzahlen
- R12 Halbschriftlich multiplizieren
- R13 Vielfache, Teiler, Teilbarkeit
- R14 Halbschriftlich dividieren

Wiederholung: Addieren und subtrahieren

Datum: ____________

1

27 + 6 = ____ 52 + 9 = ____ 37 – 4 = ____ 69 + 5 = ____

48 + 5 = ____ 78 + 8 = ____ 77 – 8 = ____ 83 – 6 = ____

33 + 9 = ____ 59 + 6 = ____ 62 – 6 = ____ 54 + 8 = ____

2 Berechne die Summe.

10 und 38 20 und 57 69 und 30

____________________ ____________________ ____________________

3

17 + 18 = ____ 95 – 49 = ____ 65 + 29 = ____ 79 – 79 = ____

27 + 13 = ____ 54 – 26 = ____ 48 – 19 = ____ 103 – 48 = ____

78 + 17 = ____ 70 – 37 = ____ 36 + 48 = ____ 88 – 63 = ____

4

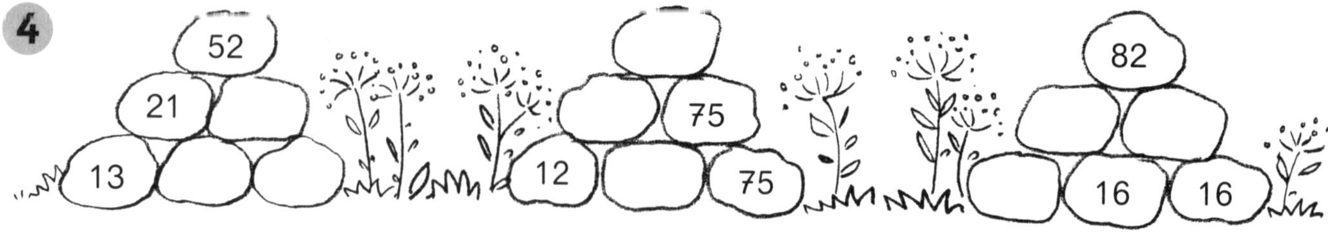

R2 Zahlen bis 1000 1

Datum: ____________

1

300 + 400 = ________ 500 + 500 = ________ 700 – 500 = ________

700 + 200 = ________ 400 – 300 = ________ 600 – 600 = ________

2 Trage in die Stellentafel ein.

3 H 4 Z 5 E

H	Z	E

300 + 40 + 5 = ________

5 H 7 E

H	Z	E

____

9 H 9 Z

H	Z	E

____

3 Welche Zahlen sind es?

H	Z	E
●●	●●●●●	●

____

H	Z	E
●●●●●		●●●

____

H	Z	E
●●●●	●●	

____

4 Zerlege die Zahlen.

895 = 800 + 90 + ________ 451 = ________ 603 = ________

R2 Zahlen bis 1000 2

Datum: ____________

1

501	502	503	504	505	506	507	508	🌳	510
511	512	513	514	515	516	517	518	519	520
521	☁	523	524	☆	526	527	528	529	530
531	532	533	534	535	536	537	538	539	540
541	542	543	544	545	546	547	548	549	☼
551	552	553	554	♡	556	557	558	559	560
561	562	563	564	565	566	567	568	☾	570
571	572	573	574	575	576	577	578	579	580
581	582	583	◊	585	586	587	588	589	590
591	592	593	594	595	596	597	🍀	599	600

Welche Zahlen sind es?

♡ ____________ ☼ ____________

☆ ____________ ☁ ____________

☾ ____________ 🍀 ____________

◊ ____________ 🌳 ____________

2

376 + 3 = ____ 762 + 4 = ____ 614 + 5 = ____

498 + 2 = ____ 311 + 7 = ____ 566 + 4 = ____

237 + 2 = ____ 443 + 6 = ____ 899 + 1 = ____

3

438 – 3 = ____ 728 – 5 = ____ 668 – 6 = ____

612 – 1 = ____ 249 – 4 = ____ 540 – 7 = ____

554 – 2 = ____ 379 – 8 = ____ 889 – 5 = ____

R3

Zahlenstrahl – Rund um die Zehner und Hunderter 1

Datum: ___________

1 Welche Zahlen sind es?

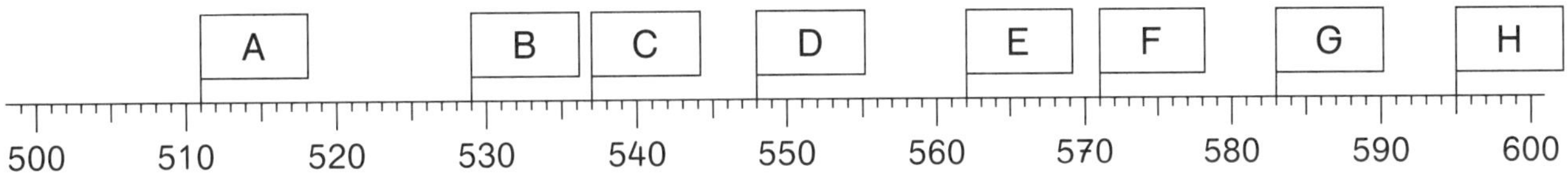

A _____ B _____ C _____ D _____ E _____ F _____ G _____ H _____

2 Wie geht es weiter?

450, 460, 470, _____, _____, _____, _____.

120, 140, 160, _____, _____, _____, 240.

380, 400, 420, _____, _____, _____.

300, 290, 280, _____, _____, _____.

540, 520, _____, _____, _____, _____, 420.

775, 750, _____, _____, _____, 650.

3 Setze ein: (<), (>), (=)

306 ◯ 360	617 ◯ 617	407 ◯ 507	325 ◯ 335	915 ◯ 951
543 ◯ 542	554 ◯ 555	579 ◯ 579	988 ◯ 977	348 ◯ 384

R3 **Zahlenstrahl –**
Rund um die Zehner und Hunderter 2

Datum: ____________

1

160 + _____ = 200
160 – _____ = 100

370 + _____ = 400
370 – _____ = 300

820 + _____ = 900
820 – _____ = 800

2

256 + _____ = 260
256 – _____ = 250

481 + _____ = 490
481 – _____ = 480

347 + _____ = 350
347 – _____ = 340

3

134 + 6 = _____
134 + 7 = _____

255 + 5 = _____
255 + 6 = _____

478 + 2 = _____
478 + 3 = _____

4

342 – 2 = _____
342 – 3 = _____

623 – 3 = _____
623 – 4 = _____

576 – 6 = _____
576 – 7 = _____

5

497 + 3 = _____
497 + 4 = _____

593 + 7 = _____
593 + 8 = _____

708 – 8 = _____
708 – 9 = _____

Rechnen bis 1000

Datum: ____________

1 Welche Zahlen sind es?

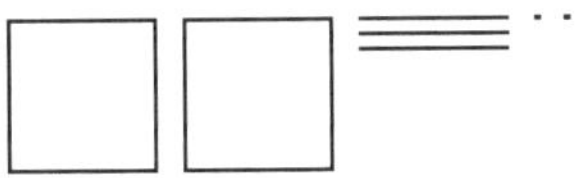

____

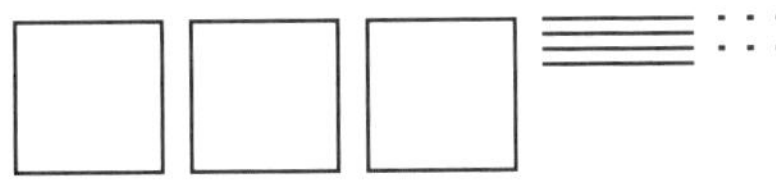

____

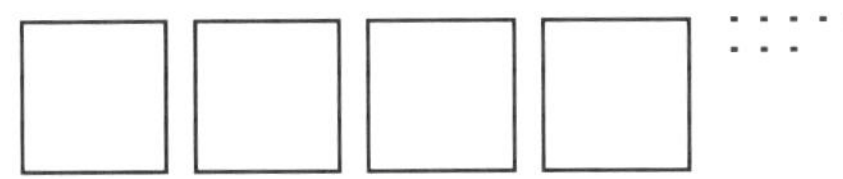

____

2

184 + 300 = ____
138 + 20 = ____
591 + 5 = ____
974 – 500 = ____

263 – 200 = ____
437 – 6 = ____
855 – 40 = ____
374 + 500 = ____

465 – 3 = ____
845 – 40 = ____
611 + 80 = ____
142 + 5 = ____

3

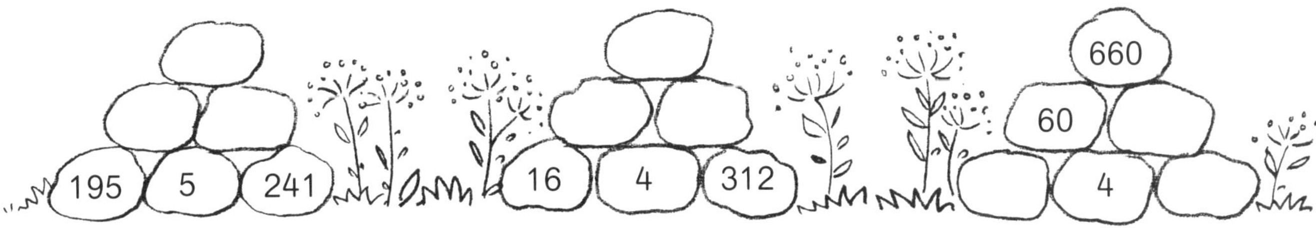

R5 Addieren und subtrahieren bis 1000 1

Datum: ____________

1 Wie rechnest du diese Aufgaben? Schreibe deinen Rechenweg auf.

436 + 28 = ______

706 + 39 = ______

568 + 25 = ______

666 – 47 = ______

957 – 39 = ______

342 – 14 = ______

2 Welche Aufgaben sind es? Schreibe auch die Schritte auf.

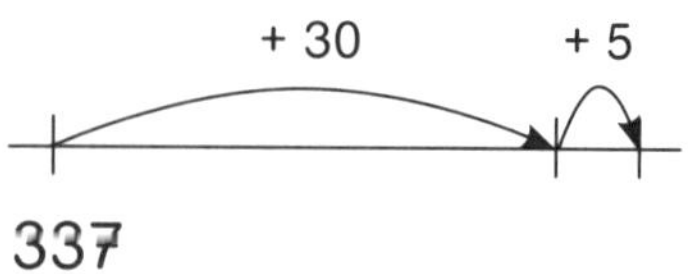

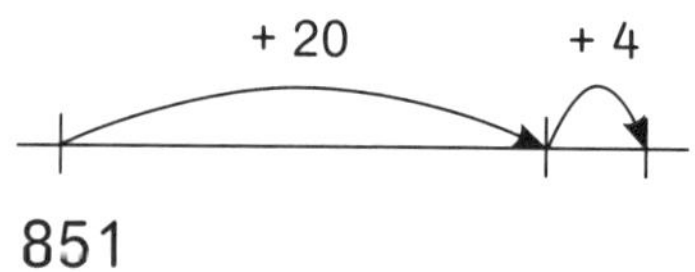

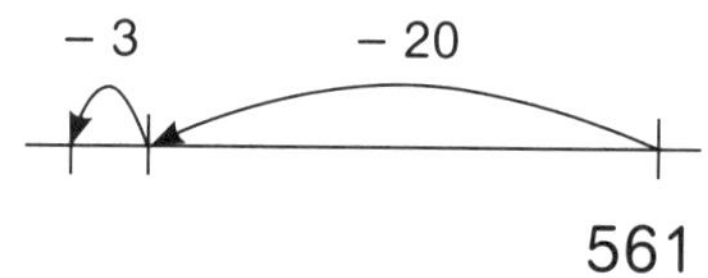

R5

Addieren und subtrahieren bis 1000 2

Datum: ____________

1

470 + 80 = _____ 560 + 50 = _____ 330 + 90 = _____

640 + 90 = _____ 880 + 40 = _____ 290 + 70 = _____

2

320 + 190 = _____ 670 + 250 = _____ 370 + 340 = _____

480 + 230 = _____ 190 + 420 = _____ 580 + 150 = _____

3 Berechne die Differenz.

130 und 50 ____________

310 und 40 ____________

520 und 80 ____________

4

610 – 60 = _____ 240 – 50 = _____ 530 – 90 = _____

850 – 70 = _____ 920 – 80 = _____ 460 – 80 = _____

5

560 – 180 = _____ 940 – 470 = _____ 420 – 240 = _____

810 – 430 = _____ 380 – 190 = _____ 630 – 250 = _____

Halbschriftlich addieren und subtrahieren 1

Datum: ____________

1 Rechne auf deinem Weg.

374 + 58 =

762 + 69 =

387 + 25 =

2 Rechne auf deinem Weg.

465 + 86 =

278 + 54 =

693 + 39 =

3

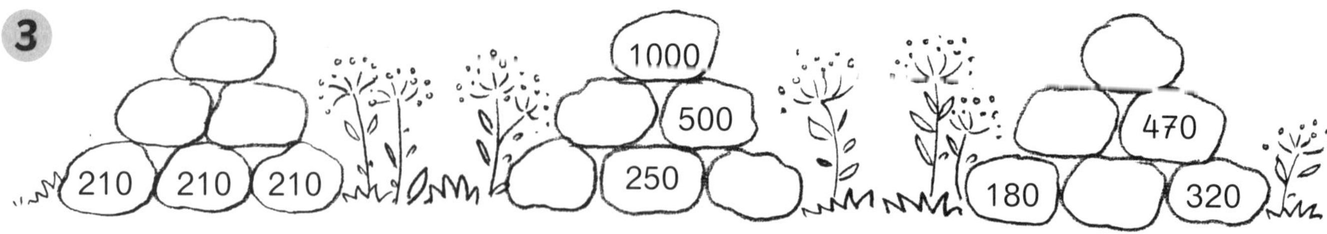

R6

Halbschriftlich addieren und subtrahieren 2

Datum: ____________

1 Rechne auf deinem Weg.

$637 - 48 =$ ____

$843 - 56 =$ ____

$712 - 34 =$ ____

2 Rechne auf deinem Weg.

$321 - 67 =$ ____

$532 - 75 =$ ____

$454 - 89 =$ ____

3 Im Bücherregal stehen 270 Bücher. 150 Bücher kommen dazu.

Schreibe Frage, Rechnung und Antwort auf.

F.: ________________________________

R.: ________________________________

A.: ________________________________

R7

Schriftlich addieren

Datum: ____________

1 Schreibe stellengerecht untereinander und addiere schriftlich.

342 + 422 465 + 323 66 + 525 728 + 164

```
  3 4 2
+ 4 2 2
_______
```

2 Schreibe stellengerecht untereinander und addiere schriftlich.

245 + 327 + 121 92 + 743 + 115 266 + 95 + 287

```
  2 4 5
+ 3 2 7
+ 1 2 1
_______
```

3 Überschlage nur.

328 + 274 648 + 299

Ü: ______________________ Ü: ______________________

Schriftlich subtrahieren

R8

Datum: ___________

1 Schreibe stellengerecht untereinander und subtrahiere schriftlich.

563 – 342   874 – 443   605 – 346   472 – 193

  5 6 3
– 3 4 2
———

2 Überschlage zuerst und rechne dann genau. Rechne auch die Probe.

624 – 293   812   349

Ü:

  6 2 4   P:
– 2 9 3
———

3 Subtrahiere 199 von der Summe aus 100 und 100. ___________________________

R9 Wiederholung: Multiplizieren und dividieren

Datum: ____________

1

5 · 7 = ____	9 · 6 = ____	4 · ____ = 16	____ · 1 = 9
8 · 4 = ____	7 · 8 = ____	7 · ____ = 49	____ · 7 = 21
6 · 6 = ____	0 · 7 = ____	6 · ____ = 18	____ · 5 = 25

2 Bestimme die Produkte.

8 und 7	9 und 3	4 und 6
____________	____________	____________

3

36 : 6 = ____	18 : 3 = ____	21 : ____ = 7	50 : ____ = 10
24 : 6 = ____	40 : 4 = ____	40 : ____ = 8	54 : ____ = 9

4 Hier bleibt immer ein Rest.

35 : 6 = ________	24 : 7 = ________	31 : 8 = ________	20 : 3 = ________
19 : 5 = ________	21 : 4 = ________	40 : 7 = ________	17 : 2 = ________

R10 Punkt- und Strichrechnung, Ungleichungen und Gleichungen

Datum: ____________

1

21 + 3 · 3 = ____________________ 21 – 21 : 3 = ____________________

68 – 6 · 3 = ____________________ 80 : 2 – 40 = ____________________

34 + 7 · 3 = ____________________ 35 + 35 : 7 = ____________________

2 Kleiner, größer oder gleich? Setze ein: (<), (>), (=)

5 · 4 ◯ 25	5 · 7 ◯ 30	3 · 5 ◯ 15	45 ◯ 6 · 9
3 · 8 ◯ 24	6 · 3 ◯ 19	2 · 9 ◯ 27	57 ◯ 7 · 8

3

3 · 6 ◯ 4 · 6	8 · 8 ◯ 9 · 9	10 · 10 ◯ 9 · 8
3 · 5 ◯ 5 · 6	4 · 6 ◯ 6 · 4	4 · 4 ◯ 3 · 5

4 Welche Zahlen kannst du einsetzen?

____ · 4 < 35 ____ · 3 < 15 ____ · 6 < 50

______________________ ______________________ ______________________

R11 Multiplizieren und dividieren: Zehnerzahlen

Datum: ______

1

5 · 10 = ____ 60 : 10 = ____ 10 · 10 = ____ 40 : 10 = ____

5 · 100 = ____ 600 : 100 = ____ 10 · 100 = ____ 400 : 100 = ____

2

15 · 10 = ____ 250 : 10 = ____

34 · 10 = ____ 1000 : 10 = ____

86 · 10 = ____ 130 : 10 = ____

3

180 = ____ · 20 60 = ____ · 20

220 = ____ · 10 200 = ____ · 20

360 = ____ · 10 480 = ____ · 10

4 In einer Kiste sind 30 Bälle. Wie viele Bälle sind in

a) 4 Kisten? ____ Bälle b) 8 Kisten? ____ Bälle c) 10 Kisten? ____ Bälle

5

:	20
60	
100	
180	
140	

:	40
240	
	5
360	
	2

:	6
300	
540	
180	
	40

:	8
480	
	30
	50
640	

R12 Halbschriftlich multiplizieren

Datum: ____________

1 Rechne auf deinem Weg.

$8 \cdot 11 =$

$5 \cdot 15 =$

$8 \cdot 19 =$

2

$9 \cdot 38 =$

$7 \cdot 29 =$

$6 \cdot 46 =$

3

$81 \cdot 5 =$

$25 \cdot 6 =$

$47 \cdot 3 =$

R13 **Vielfache, Teiler, Teilbarkeit** Datum: ____________

1 Schreibe immer die ersten 5 Vielfachen der Zahlen auf.

2	10	6
____________	____________	____________

2 Schreibe die Teiler der Zahlen auf.

Teiler von 12 ____________ Teiler von 20 ____________

Teiler von 36 ____________ Teiler von 13 ____________

3 Wann ist eine Zahl durch 10 teilbar?

Eine Zahl ist durch 10 teilbar, wenn ____________

Wann ist eine Zahl durch 2 teilbar?

____

4 Schreibe fünf Zahlen auf, die durch 2, durch 5 und durch 10 teilbar sind.

____

R14

Halbschriftlich dividieren 1

Datum: ____________

1

45 : 3 =

52 : 4 =

96 : 6 =

2

69 : 3 =

96 : 4 =

183 : 3 =

3

264 : 4 =

658 : 7 =

R 14

Halbschriftlich dividieren 2

Datum: ____________

1

97 : 6 = ____ R ____

85 : 7 = ____________

41 : 3 = ____________

2

124 : 3 = ____________

311 : 4 = ____________

3

569 : 6 - ____________

Inhaltsverzeichnis

Lernstandskontrollen Geometrie

G1 Körper und Netze

G2 Würfel, Würfelgebäude und Ansichten

G3 Pläne und Flächen

G4 Symmetrie

Körper und Netze 1

Datum: ____________

1 Welche Körperformen haben die Gegenstände?

____

____

____

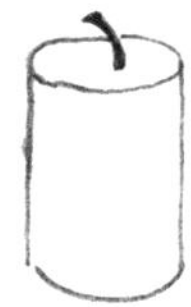

____

2 Ergänze die Steckbriefe.

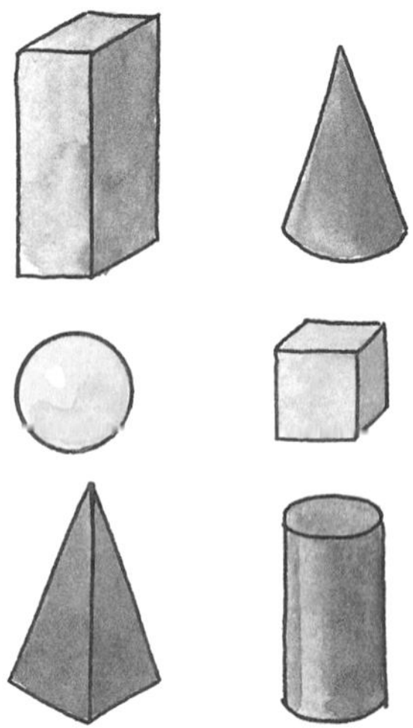

Quader	
Ecken:	____
Kanten:	____
Flächen:	____

Kegel	
Ecken:	____
Kanten:	____
Flächen:	____

Pyramide	
Ecken:	____
Kanten:	____
Flächen:	____

____________	
Ecken:	8
Kanten:	12
Flächen:	6

____________	
Ecken:	0
Kanten:	0
Flächen:	1

____________	
Ecken:	0
Kanten:	2
Flächen:	3

Körper und Netze 2

Datum: ____________

1 Welche Netze lassen sich zu einem Würfel zusammensetzen? Kreuze an.

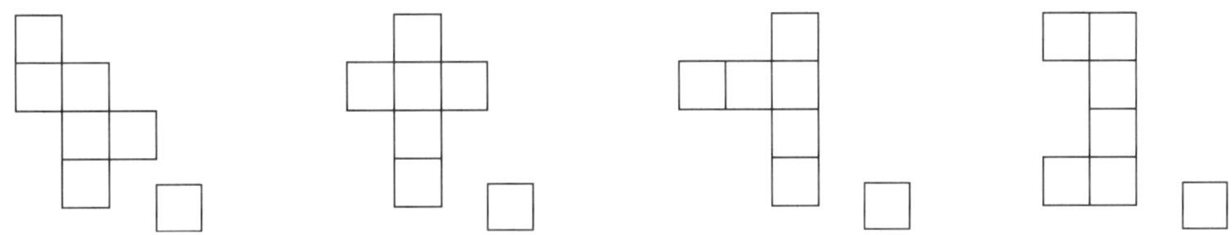

2 Hier fehlt etwas. Ergänze eine Fläche so, dass ein Würfelnetz entsteht.

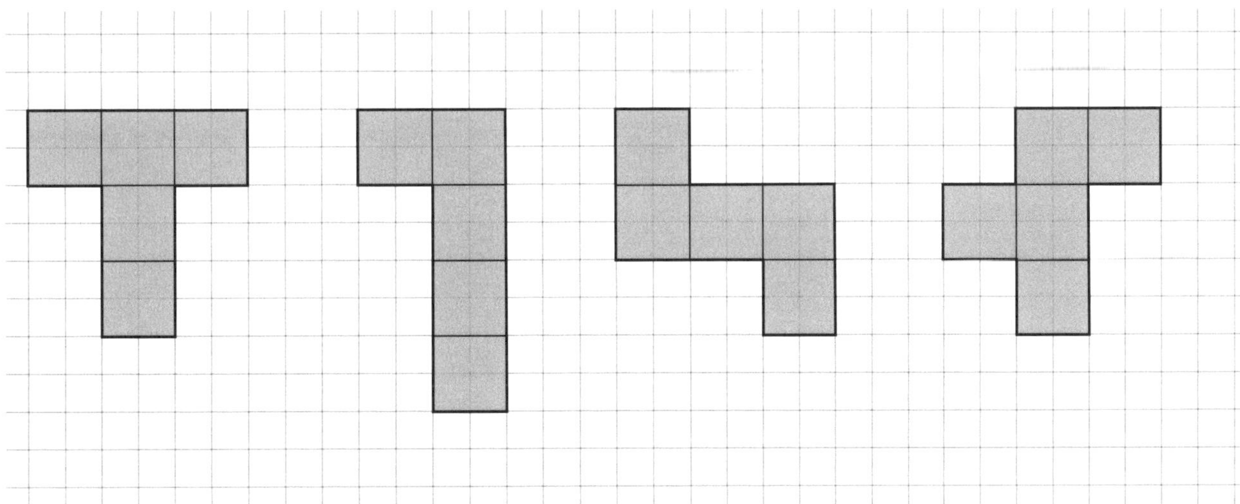

Würfel, Würfelgebäude und Ansichten 1

Datum: ____________

1 Hier fehlt etwas! Ergänze zu einem Würfel.

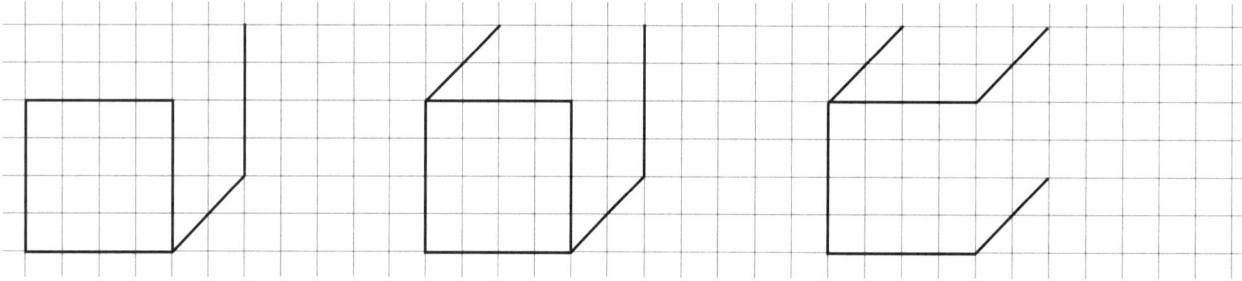

2 Was gehört zusammen? Verbinde!

2	3	3
2		2
	1	1

3	2	1
2		
2	1	1

3	2	1	3
3	2		1
3	1		1
2	1		

3	2	1	3
3	1		1
3	1		1
2	1		1

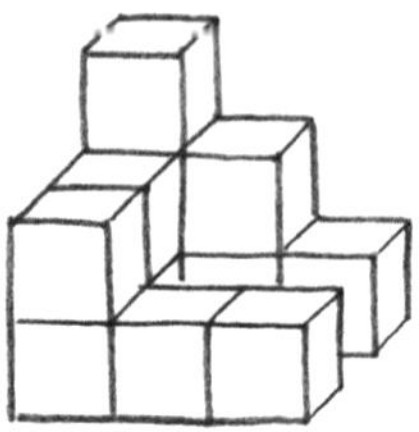

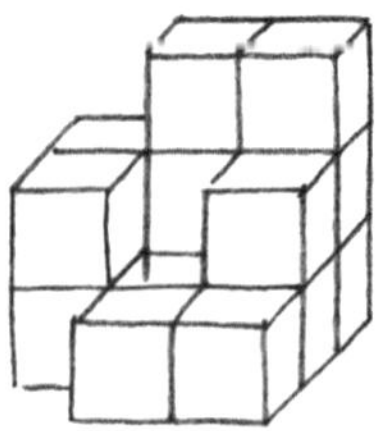

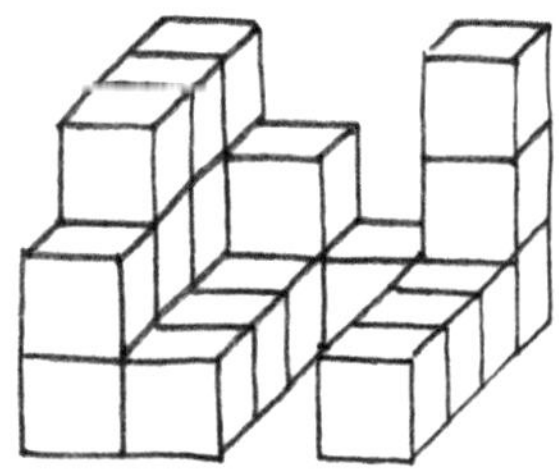

Würfel, Würfelgebäude und Ansichten 2

G2

Datum: ____________

1 Schreibe den Bauplan. Wie viele Würfel sind es?

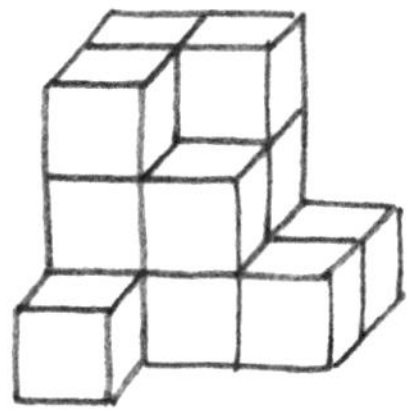

_____ Würfel

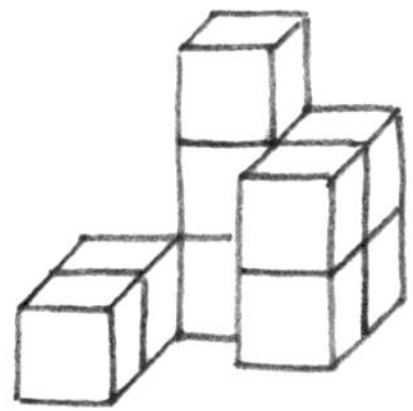

_____ Würfel

2 Wie viele Würfel passen in die Kiste?

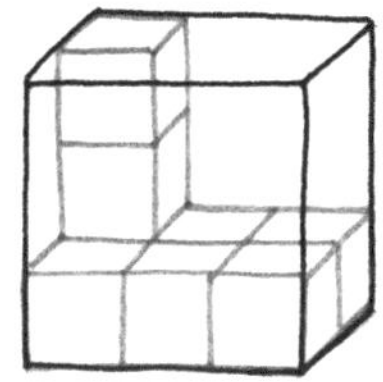

_____ Würfel

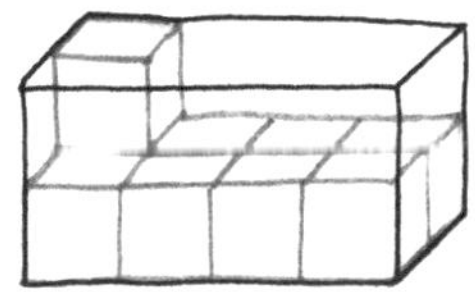

_____ Würfel

3 Von welcher Seite wurde dieses Gebäude gezeichnet?

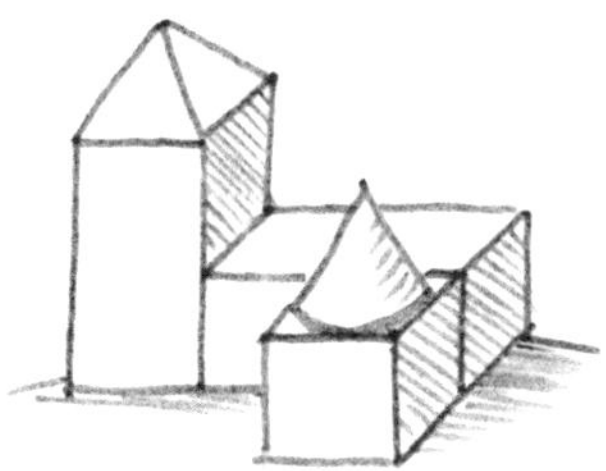

von ____________

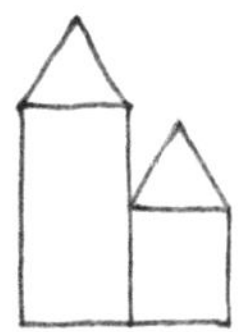

____

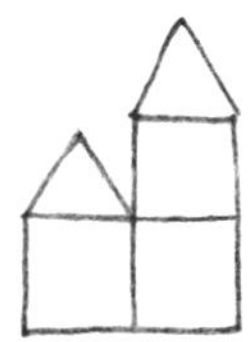

____

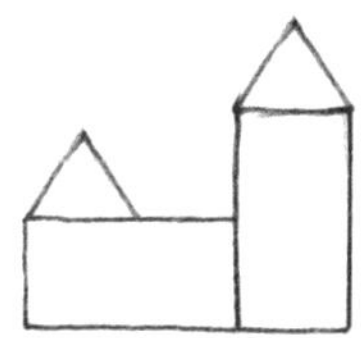

____

Pläne und Flächen 1

Datum: ____________

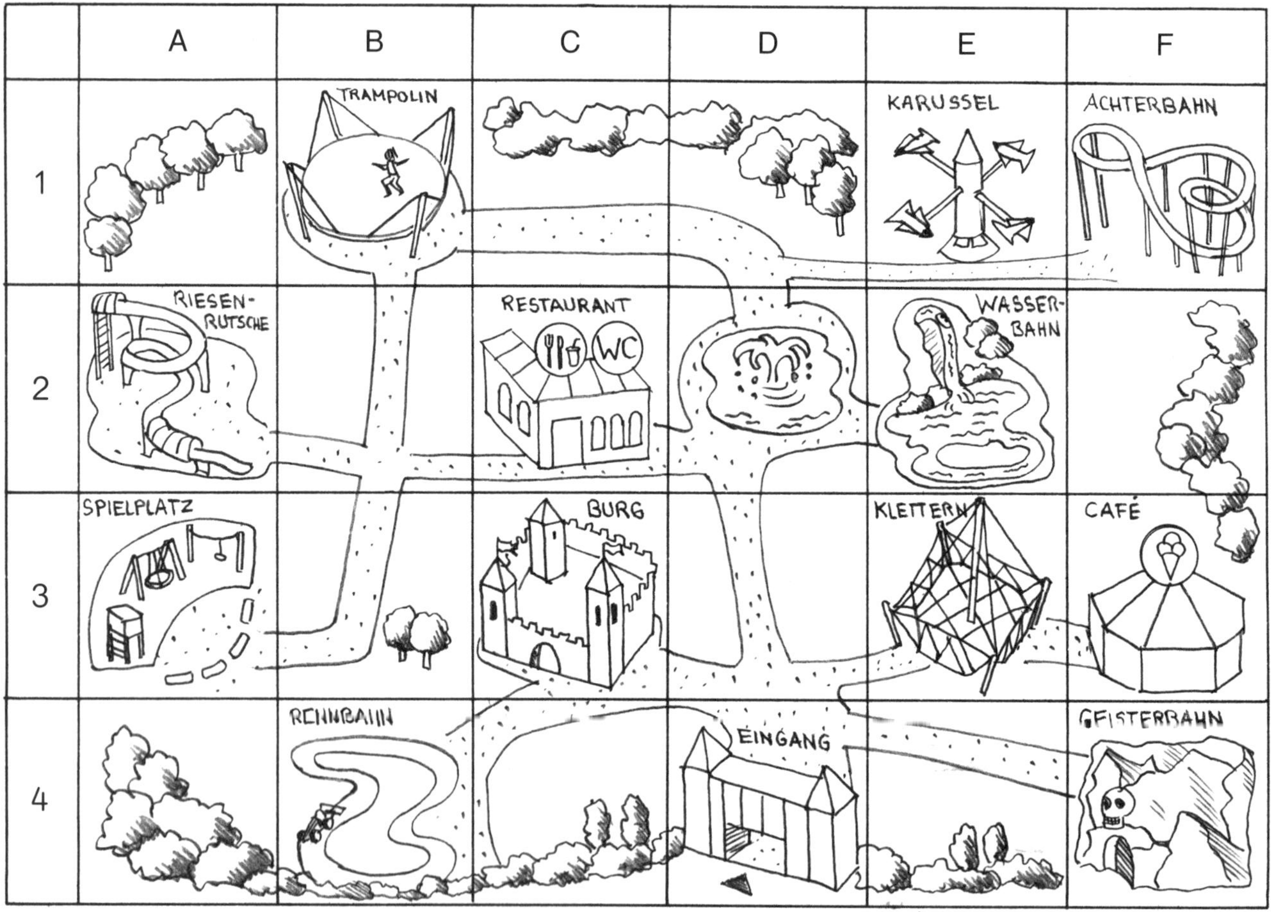

G3

Pläne und Flächen 1

Datum: ____________

1 Was liegt in den Feldern? Schreibe auf.

A2: ______________________ B1: ______________________

F4: ______________________ C3: ______________________

2 Welche Felder sind abgebildet?

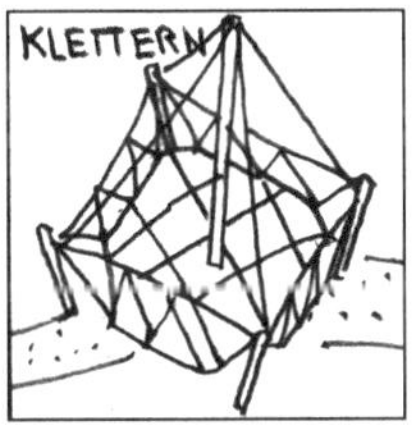

______

______

______

______

______

______

G3 Pläne und Flächen 2

Datum: ____________

1 An welchen Körpern findest du die Flächen?

Quadrat 3, ____________

Rechteck ____________

Dreieck ____________

Kreis ____________

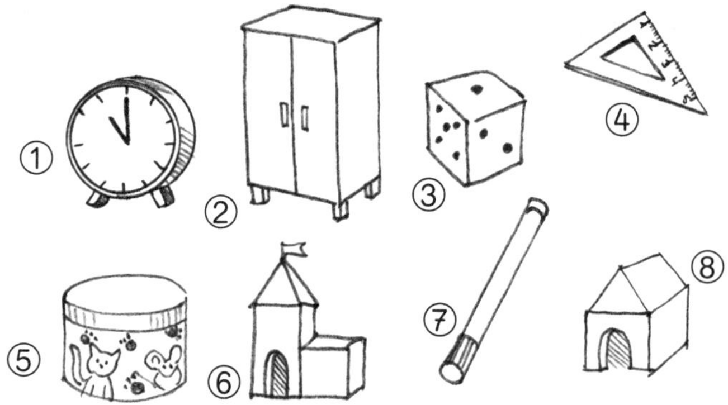

2 Zeichne mit Lineal: ein Quadrat und ein Dreieck.

3 Aus wie vielen Maßquadraten besteht die Figur?

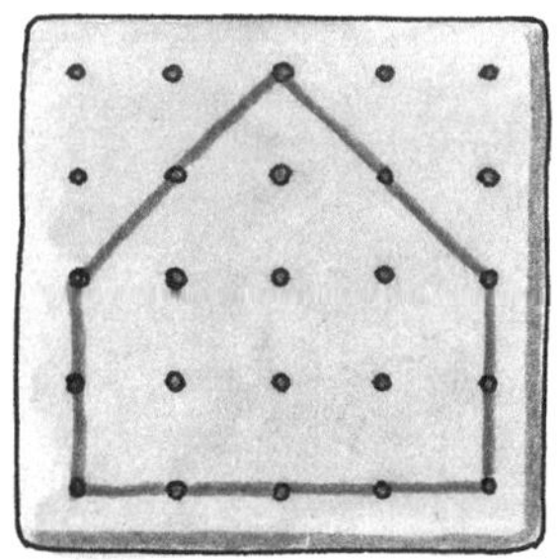

____ Maßquadrate

G4 Symmetrie 1

Datum: ____________

1 Zeichne die Spiegelachsen ein. Wie viele Spiegelachsen haben die Verkehrszeichen?

☐ ☐ ☐ ☐ ☐

2 Trage alle Spiegelachsen rot ein.

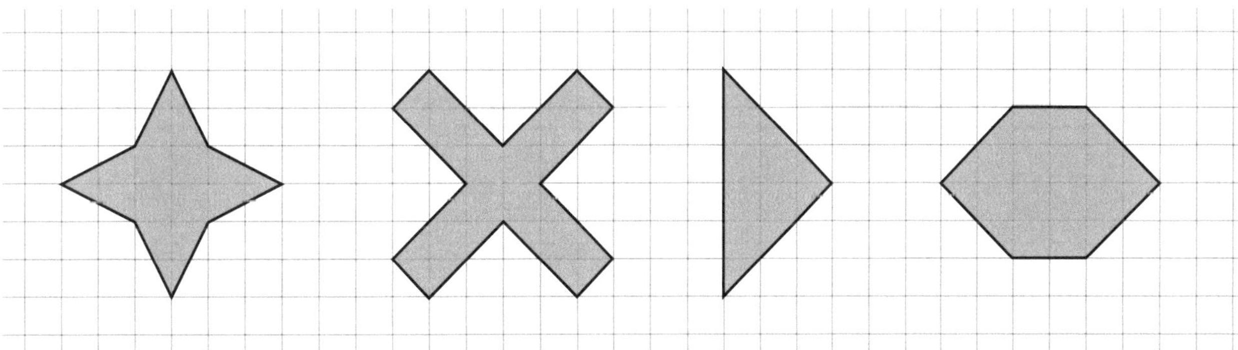

G4

Symmetrie 2

Datum: ___________

1 Ergänze spiegelbildlich.

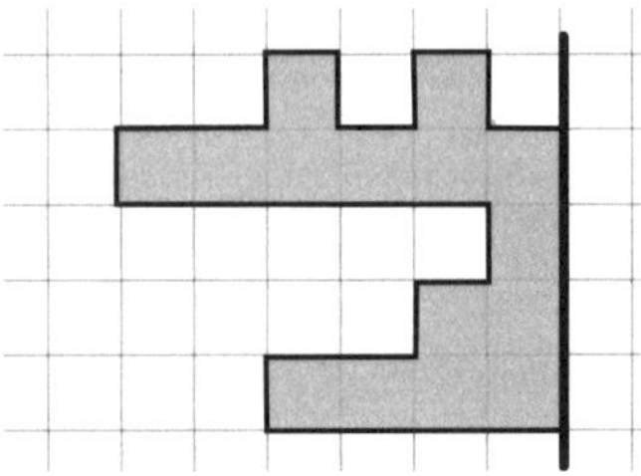

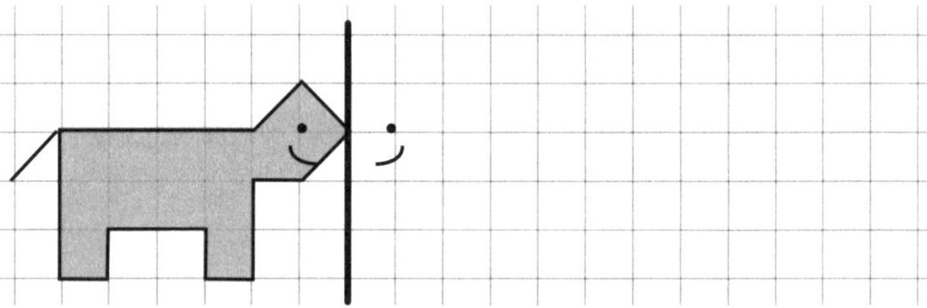

2 Spiegele nacheinander.

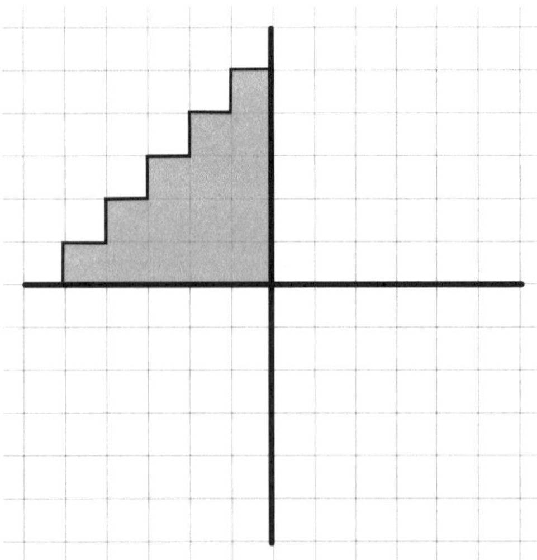

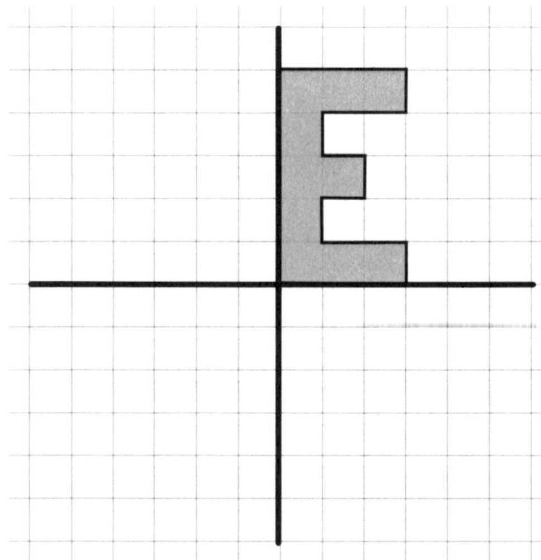

Inhaltsverzeichnis

Lernstandskontrollen Sachrechnen

- S1 Sachrechnen
- S2 Unser Geld – Kommaschreibweise
- S3 Multiplizieren und dividieren mit Kommazahlen
- S4 Schriftlich addieren und subtrahieren mit Kommazahlen
- S5 Zeit – Minuten und Sekunden
- S6 Zeit – Zeitspannen
- S7 Längen – Kommaschreibweise, Millimeter
- S8 Längen – Kilometer
- S9 Gewicht – Gramm und Kilogramm
- S10 Sachrechnen – Daten und Zufall

Lernstandskontrollen Wiederholung

- Das kann ich jetzt 1
- Das kann ich jetzt 2
- Das kann ich jetzt 3

S1 **Sachrechnen** Datum: ____________

1 Finde eine passende Frage und löse deine Aufgabe.

Max hat 20 € gespart.
Er kauft sich ein Kartenspiel für 9 € und einen Flummi für 2 €.

F.: ______________________________

____

R.: ______________________________

____

A.: ______________________________

____

2 Welches Kind ist gemeint? Schreibe den Namen auf.

Name	Größe	Alter
Anna	142 cm	8 Jahre
Moritz	145 cm	9 Jahre
Karin	136 cm	9 Jahre
Ben	149 cm	10 Jahre

a) Es ist das älteste Kind.

____

b) Es ist der jüngste Junge.

____

c) Es ist ein Mädchen, aber nicht das größte.

____

S2

Unser Geld – Kommaschreibweise 1

Datum: ____________

1 Wie viel Geld ist es? Schreibe die Beträge als Kommazahlen.

________ €

________ €

________ €

2 Schreibe als Kommazahlen.

318 ct = _____ € 54 ct = _____ € 920 ct = _____ €

412 ct = _____ € 106 ct = _____ € 7 ct = _____ €

3 5 € 82 ct = _____ € 3 € 30 ct = _____ € 6 € 6 ct = _____ €

9 € 9 ct = _____ € 8 € 98 ct = _____ € 2 € 22 ct = _____ €

4 Wie viel Cent sind es?

1,51 € = _____ ct 8,34 € = _____ ct 0,67 € = _____ ct

2,07 € = _____ ct 0,18 € = _____ ct 5,41 € = _____ ct

S2 Unser Geld – Kommaschreibweise 2

Datum: ___________

1 Löse am Rechenstrich.

4,78 €

4,78 € + ____ € = 5,00 €

2 8,50 € – ____ € = 8,00 €

4,37 € – ____ € = 4,00 €

3 4,50 € + 2,60 € =

1,90 € + 5,80 € =

4 9,80 € – 5,70 € =

7,45 € – 1,20 € =

S3 Multiplizieren und dividieren mit Kommazahlen

Datum: ____________

1 Ein Mohnbrötchen kostet 40 Cent.
Karin kauft 7 davon.

Sie bezahlt ________ €.

2 Ein Stück Erdbeerkuchen kostet 1,90 €.
Steffen kauft 5 Stück.

Er bezahlt ________ €.

3 Wie teuer sind die Sachen einzeln?

a) 6 Pinsel kosten 2,40 €.

Ein Pinsel kostet ________ €.

b) 8 Wachsmalstifte kosten 7,92 €.

Ein Wachsmalstift kostet _____ €.

S4 Schriftlich addieren und subtrahieren mit Kommazahlen

Datum: ___________

1 Schreibe stellengerecht untereinander und addiere schriftlich.

3,84 € + 2,23 €   4,91 € + 4,25 €   5,79 € + 3,38 €

2 Schreibe stellengerecht untereinander und subtrahiere schriftlich.

8,88 € – 2,93 €   9,24 € – 6,48 €   7,03 € – 4,18 €

S5

Zeit – Minuten und Sekunden

Datum: ____________

1

_______ Uhr	_______ Uhr	_______ Uhr	_______ Uhr	_______ Uhr
_______ Uhr	_______ Uhr	_______ Uhr	_______ Uhr	_______ Uhr

2 Rechne um.

70 min = _____ h _____ min	480 min = _____ h _____ min	120 min = _____ h _____ min
200 min = _____ h _____ min	65 min = _____ h _____ min	213 min = _____ h _____ min

3

3 h 10 min = 190 min	2 h 33 min = _____ min	10 h 2 min = _____ min
1 h 12 min = _____ min	3 h = _____ min	5 h 59 min = _____ min

4 Wie viele Sekunden sind es?

10 min = _____ s	5 min 10 s = _____ s	3 min = _____ s
7 min = _____ s	2 min 33 s = _____ s	3 min 12 s = _____ s

S6 Zeit – Zeitspannen 1

Datum: ____________

1 Ergänze zur vollen Stunde.

14.46 Uhr —min→ 15.00 Uhr

7.51 Uhr ——→ 8.00 Uhr

9.12 Uhr ——→ 10.00 Uhr

22.38 Uhr ——→ 23.00 Uhr

2 Wie viel Zeit ist vergangen?

______ Uhr ——→ ______ Uhr

______ Uhr ——→ ______ Uhr

3

10.31 Uhr —24 min→ ______ Uhr

6.15 Uhr —32 min→ ______ Uhr

5.07 Uhr —17 min→ ______ Uhr

12.01 Uhr —53 min→ ______ Uhr

4

9.14 Uhr —2 h→ ______ Uhr

20.18 Uhr —3 h 10 min→ ______ Uhr

Zeit – Zeitspannen 2

S6

Datum: ____________

1 Wie viel Zeit ist vergangen?

_______ Uhr ⟶ _______ Uhr   _______ Uhr ⟶ _______ Uhr

_______ Uhr ⟶ _______ Uhr   _______ Uhr ⟶ _______ Uhr

2 Paula geht abends um 20.30 Uhr ins Bett.
Sie steht morgens um 6.15 Uhr auf.
Wie lange schläft Paula?
Löse am Rechenstrich.

20.30 Uhr

S7

Längen – Kommaschreibweise, Millimeter

Datum: ______

1 Rechne um.

415 cm = ____ m   312 cm = ____ m   901 cm = ____ m

68 cm = ____ m   7 cm = ____ m   506 cm = ____ m

2 ____ cm = 3,02 m   ____ cm = 4,40 m   ____ cm = 2,99 m

____ cm = 1,25 m   ____ cm = 1,89 m   ____ cm = 0,31 m

3 Wie lang sind die Strecken?

____ cm ____ mm   ____________   ____________

4 Zeichne die Strecken. a = 20 mm b = 70 mm c = 3 cm 5 mm d = 5 cm 3 mm

a   b

c   d

5 43 mm = ____ cm ____ mm   60 mm = ____________   212 mm = ____________

S8

Längen – Kilometer

Datum: ____________

1 Ergänze zu einem Kilometer.

330 m + ________ m = ________

50 m + ________ m = ________

997 m + ________ m = ________

2 Ergänze zu einem halben Kilometer.

333 m + ________ m = ________

469 m + ________ m = ________

250 m + ________ m = ________

3 Kleiner, größer oder gleich? Setze ein: ($<$), ($>$), ($=$)

520 m ◯ $\frac{1}{2}$ km	25 m ◯ $\frac{1}{4}$ km	$\frac{1}{2}$ km ◯ 600 m
495 m ◯ $\frac{1}{2}$ km	250 m ◯ $\frac{1}{4}$ km	1 km ◯ 1000 m

4

212 m + 480 m = ________ m

156 m + 44 m = ________ m

457 m + 443 m = ________ m

290 m + 707 m = ________ m

113 m + 67 m = ________ m

368 m + 631 m = ________ m

5

1000 m – 500 m = ________ m

1000 m – ________ m = 400 m

1000 m – 250 m = ________ m

1000 m – ________ m = 350 m

Gewicht – Gramm und Kilogramm

S9

Datum: ____________

1 Welche Gewichtsangabe passt zu welchem Gegenstand? Verbinde.

10 g	100 g	250 g	500 g	1 kg	5 kg

2

a) Ergänze auf 500 g.

350 g + _____ g = 500 g

30 g + _____ g = 500 g

b) Ergänze auf 1000 g.

840 g + _____ g = 1000 g

77 g + _____ g = 1000 g

c) Ergänze auf 250 g.

18 g + _____ g = 250 g

189 g + _____ g = 250 g

3

225 g + 600 g + 175 g = _____ g

43 kg + 22 kg + 11 kg = _____ kg

450 kg – 125 kg = _____ kg

904 kg – 596 kg = _____ kg

S10

Sachrechnen – Daten und Zufall

Datum: ____________

1 Susi hat in ihrer Klasse eine Umfrage zum Thema „Hobby" gemacht. Für jedes Kind hat sie ein Kästchen gezeichnet.

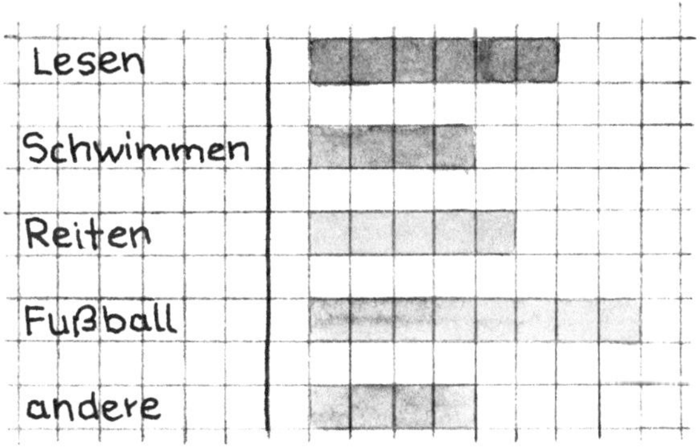

a) Wie viele Kinder haben Lesen als Hobby? ________ Kinder

b) Wie viele Kinder haben Fußball als Hobby? ____________

c) Wie viele Kinder wurden befragt? ____________

2 Paul hat in seiner Klasse auch eine Umfrage zum Thema „Hobby" gemacht.

Zeichne ein Streifendiagramm zu seinem Ergebnis.

Lesen	||||
Schwimmen	卌
Reiten	||
Fußball	卌 ||
andere	卌 ||

Wiederholung: Das kann ich jetzt 1

Datum: ____________

1 Setze ein: (<), (>), (=)

701 ◯ 710	664 ◯ 663	450 + 160 ◯ 620	639 + 99 ◯ 735
553 ◯ 553	988 ◯ 998	740 – 360 ◯ 380	725 – 89 ◯ 636

2

490 + 130 = _____	940 – 580 = _____	387 + 39 = _____	225 – 77 = _____
750 + 290 = _____	670 – 90 = _____	448 + 48 = _____	902 – 46 = _____

3 Wie spät ist es?

_______ Uhr

_______ Uhr

_______ Uhr

_______ Uhr

4 Rechne um.

3 h = _____ min

2 h 15 min = _____ min

5 10 min = _____ s

2 min 13 s = _____ s

Wiederholung: Das kann ich jetzt 2

Datum: ___________

1

$$\begin{array}{r} 428 \\ +\ \ 65 \\ \hline \end{array} \qquad \begin{array}{r} 287 \\ +139 \\ \hline \end{array} \qquad \begin{array}{r} 528 \\ -347 \\ \hline \end{array} \qquad \begin{array}{r} 912 \\ -\ \ 53 \\ \hline \end{array}$$

2

7 · 8 = _____   5 · 9 = _____   0 · 8 = _____   6 · 3 = _____   4 · 9 = _____

3

7 · 54 = ____________   144 : 4 = ____________   798 : 9 = ____________

4

340 m ◯ $\frac{1}{2}$ km

503 m ◯ $\frac{1}{2}$ km

250 m ◯ $\frac{1}{4}$ km

5 Ergänze.

740 g + _____ g = 1000 g   280 g + _____ g = 500 g

25 g + _____ g = 1000 g   195 g + _____ g = 250 g

Wiederholung: Das kann ich jetzt 3

Datum: ____________

1 Ergänze die Steckbriefe.

Würfel

Ecken: ____

Kanten: ____

Flächen: ____

Pyramide

Ecken: ____

Kanten: ____

Flächen: ____

2 Welches Netz ist ein Würfelnetz?
Kreuze an.

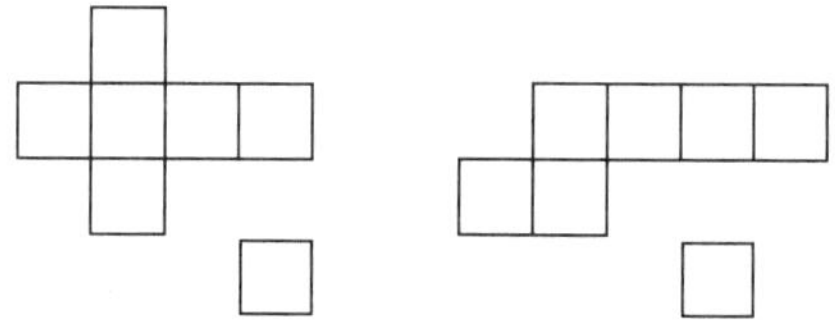

3 Schreibe den Bauplan.
Wie viele Würfel sind es?

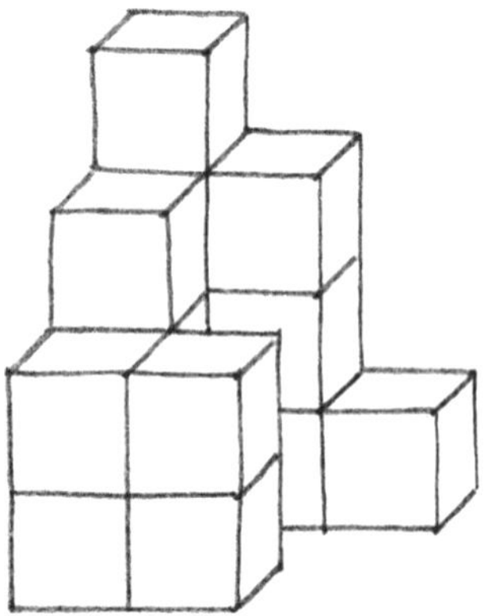

____ Würfel

4 Spiegele nacheinander.

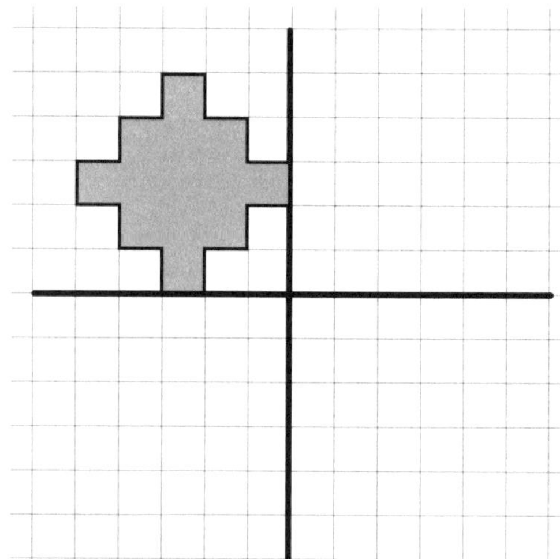